TOP

Erdkunde

Asien

Peter Kirch • Gerhard Vierbuchen

westermann®

Liebe Schülerin, lieber Schüler,

Wie ihr seht, übt sich der Junge im weißen Anzug in Kung Fu, einer Kampfsportart aus Ostasien. Nach dem Training spielt er mit seinem Laptop, der in Taiwan hergestellt wurde. Besonders gern isst er im China-Restaurant um die Ecke. Vielleicht geht es dir ähnlich – Asien ist in unserem Leben allgegenwärtig. TOP Erdkunde Asien bietet dir viele Möglichkeiten, den größten Kontinent kennenzulernen.

Diese Bildzeichen helfen dir, dein TOP-Heft zu bearbeiten:

Achtung Aufgabe! Hier wird eingetragen, gesucht, gerätselt, ergänzt oder ausgefüllt, also von dir eine Aufgabe gelöst.

Achtung Atlas! Dein wichtigstes Hilfsmittel. Wo dieses Zeichen erscheint, sollst du die Atlasseiten aufschreiben, mit denen du die gestellten Aufgaben löst.

Info! Diese Texte sind zum Verständnis sehr wichtig, spannend und informativ. Bitte lesen!

Achtung Buntstifte! Hier musst du etwas farbig ausmalen.

TOP Erdkunde Asien wird bearbeitet von

Vorname	Alter
Name	Klasse
Straße	Name der Schule
Wohnort	Bundesland

Wir wissen nicht, was dieser Schülerin zu Asien einfällt. Aber in der gleichen Situation könntest du auch einmal sein.
Wand- und Atlaskarte helfen dir, einige wichtige Aussagen zum Kontinent Asien zu treffen.

1 Beachte die Orientierungspunkte 1 bis 13 auf der Wandkarte Asien und ergänze den unten stehenden Lückentext mit folgenden Zahlen, Namen und Begriffen:
Inseln, Asowschen, China, Nordpolarmeer, Asien, Ural-, Sibirien, Pazifischen, Europa, 44 Millionen, Kaspischen, drei Fünftel, Kontinent, Indischen, südöstliche, Festlandes, Indien, -fluss

① _____ ist mit __ __________ Quadratkilometern der größte _________ der Erde. Er umfasst allein etwa ein Drittel des gesamten __________. Zusammen mit dem westlichen Kontinent ② ______ bildet Asien einen Doppelkontinent, den man als Eurasia bezeichnet. Asien berührt mit seinen Küstenlinien folgende große Meere: im Norden das ③ ______________, im Osten den ④ ___________ Ozean und im Süden den ⑤ _________ Ozean. Über den gesamten nördlichen Teil Asiens erstreckt sich das riesige ⑥ ________. Hier liegen nach Schätzungen die größten Reserven an Bergbau- und Energierohstoffen. Der Verlauf des ⑦ ____ gebirges markiert die Grenze zwischen Europa und Asien. Diese Grenze setzt sich im Süden am ⑧ Ural _____ und der tiefstgelegenen Verbindungslinie zwischen dem ⑨ __________ Meer und dem ⑩ _________ Meer fort.

In Asien leben mehr als 4 Milliarden Menschen. Das sind etwa ____ _______ aller Erdbewohner. Davon wohnen rund 1,3 Milliarden im Staat ⑪ _____ und über eine Milliarde im Staat ⑫ ______.

Der ⑬ ___________ Teil Asiens besteht aus mehr als 20 000 großen und kleinen ______.

Kontinent der Rekorde

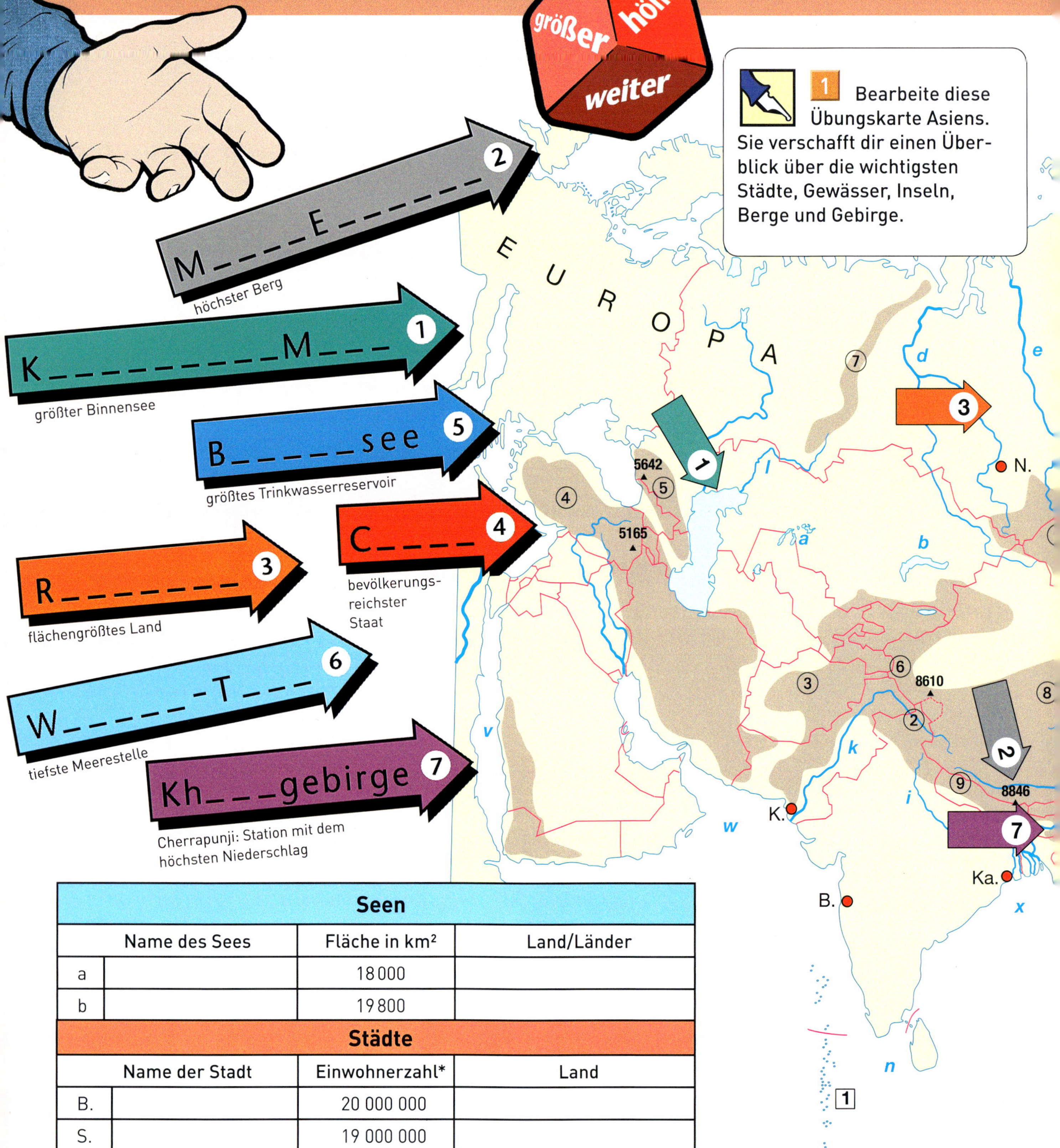

1 Bearbeite diese Übungskarte Asiens. Sie verschafft dir einen Überblick über die wichtigsten Städte, Gewässer, Inseln, Berge und Gebirge.

Seen			
	Name des Sees	Fläche in km²	Land/Länder
a		18 000	
b		19 800	

Städte			
	Name der Stadt	Einwohnerzahl*	Land
B.		20 000 000	
S.		19 000 000	
Ka.		18 000 000	
T.		36 000 000	
Ha.		6 500 000	
K.		11 000 000	
N.		1 500 000	
H.		7 000 000	
Si.		5 200 000	
zum Vergleich: Berlin		*3 500 000*	*Deutschland*

* mit Vororten

- ① Gebirge
- ▲ 5137 Berg
- *a – x* Gewässer
- 1 – 3 Inselgruppe
- ● B. Stadt (mit Anfangsbuchstabe)
- Staatsgrenze

18634Ea

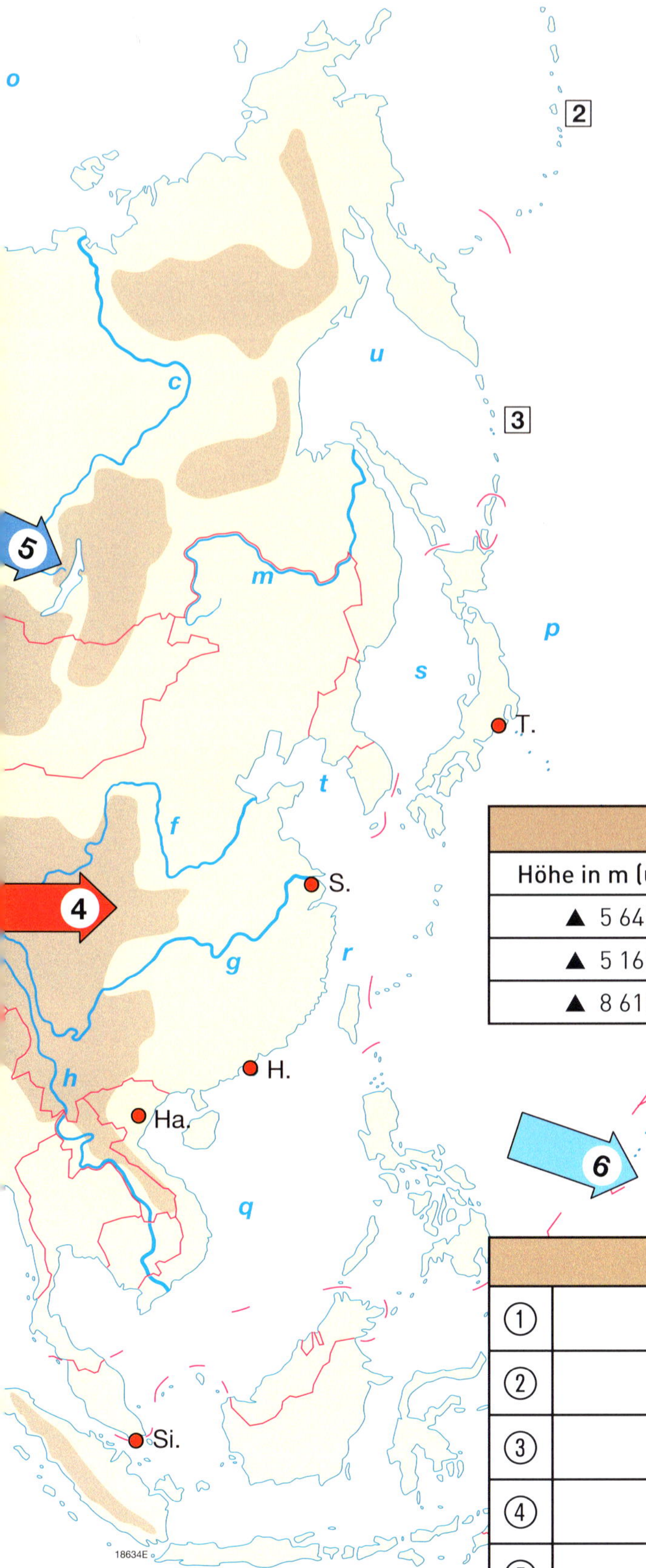

Inseln	
1	
2	
3	

Flüsse		
	Name des Flusses	Länge in km
c		4400
d		4016
e		5391
f		4900
g		6300
h		4500
i		2700
k		3190
l		2534
m		4444

ATLAS Atlasseite(n): __

Berge (Auswahl)		
Höhe in m (ü. M.)	Name des Berges	Land
▲ 5 642		
▲ 5 165		
▲ 8 610		

Gebirge	
①	
②	
③	
④	
⑤	
⑥	
⑦	
⑧	
⑨	

Meere	
n	
o	
p	
q	
r	
s	
t	
u	
v	
w	
x	

Länder Asiens – alphabetisch

	Länder/Hauptstädte [1]
1	______ ( )
2	______ ( )
3	______ ( )
4	______ ( )
5	______ ( )
6	______ ( )
7	______ ( )
8	______ ( )
9	______ ( )
10	______ ( )
11	______ ( )
12	______ ( )
13	______ ( )
14	______ ( )
15	______ ( )
16	______ ( )
17	______ ( )
18	______ ( )
19	______ ( )
20	______ ( )
21	______ ( )
22	______ ( )
23	______ ( )
24	______ ( )

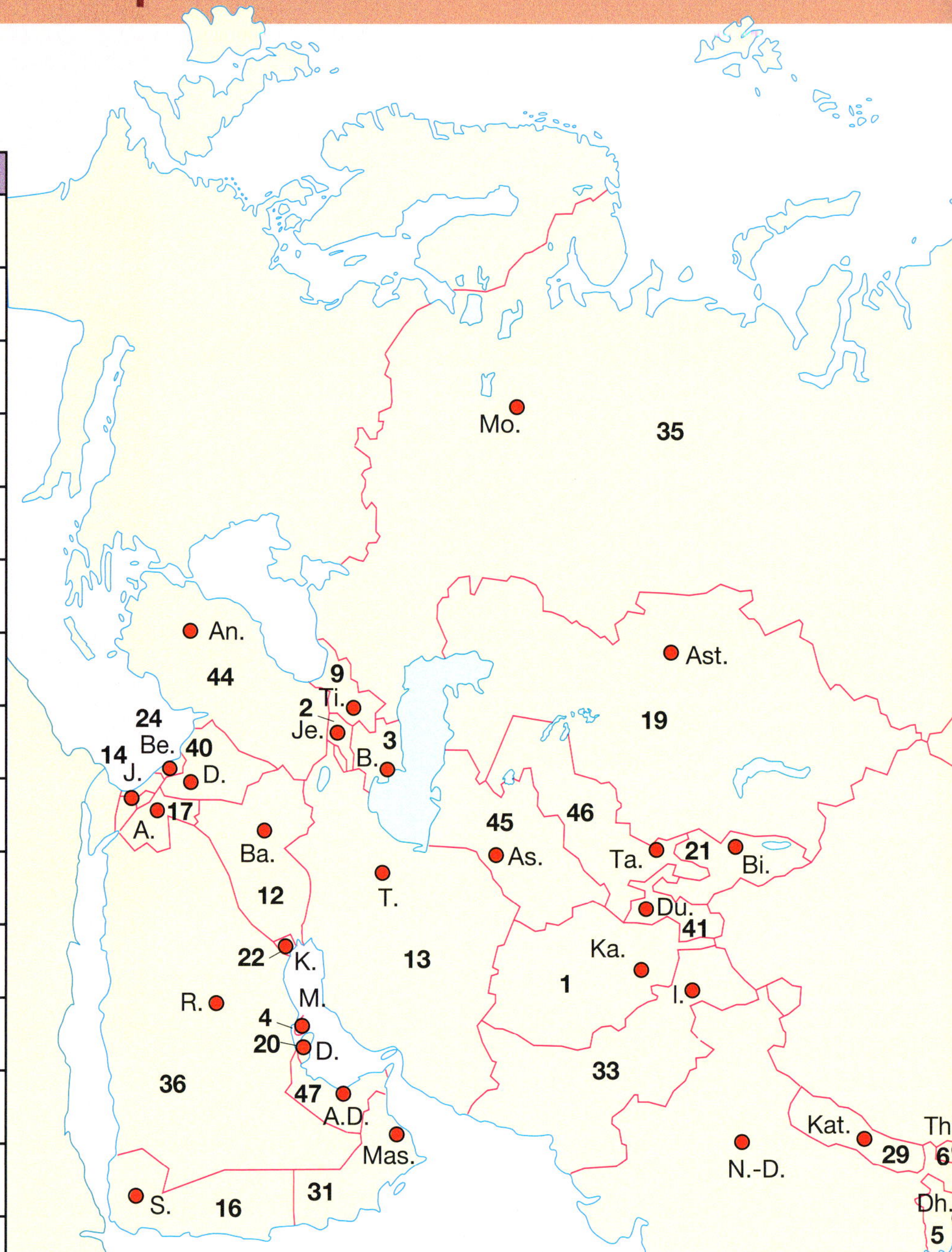

1 Diese Zeichnungen symbolisieren Waren und Dienstleistungen ausgewählter Länder Asiens. Trage die Namen der Länder in die Kästen ein. Die fünf umrandeten Buchstaben ergeben, senkrecht gelesen, den Namen einer asiatischen Großkatze.

(8) □□□□□
(42) ■□□□□□
(25) □□□□□□□■□
(37) □□□□■□□□□
(34) □□□□□□□□□■□
(39) □□□□□■□□
(48) □□□□□□□

(37)

(48)

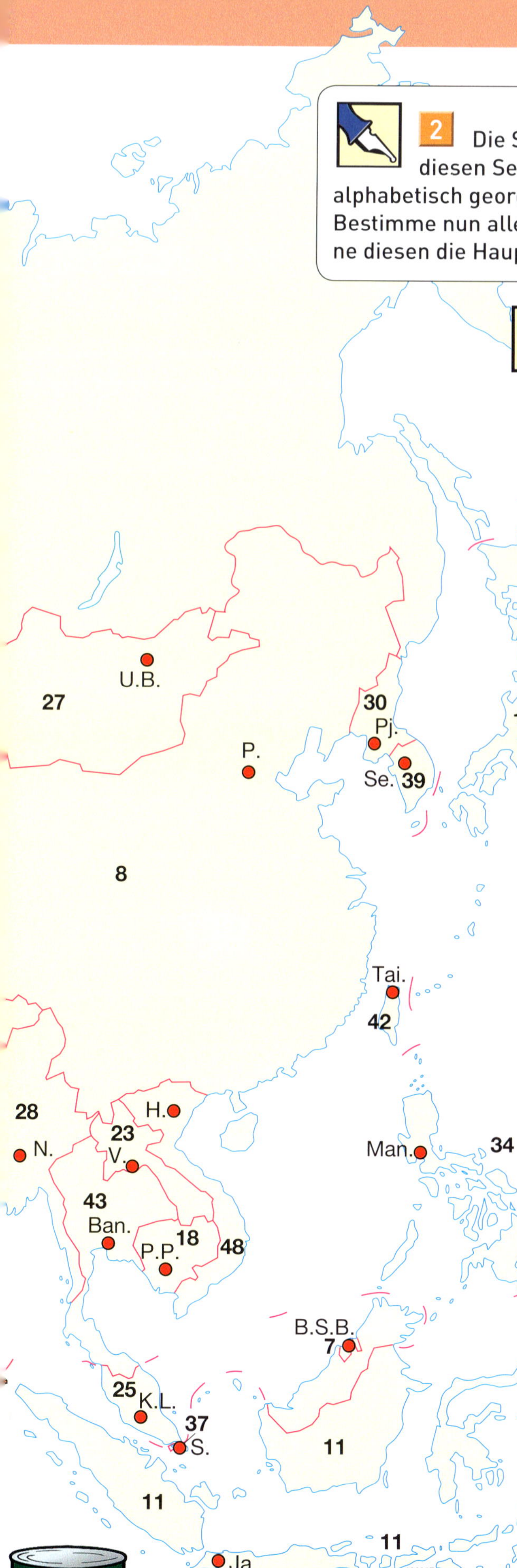

2 Die Staaten Asiens sind auf diesen Seiten nach ihren Namen alphabetisch geordnet und nummeriert. Bestimme nun alle Ländernamen und ordne diesen die Hauptstädte zu.

ATLAS Atlasseite(n): __

(39)

(34)

(8)

(25)

(42)

25	______ ( )
26	______ ( )
27	______ ( )
28	______ ( )
29	______ ( )
30	______ ( )
31	______ ( )
32	______ ( )
33	______ ( )
34	______ ( )
35 [2]	______ ( )
36	______ ( )
37	______ ( )
38	______ ( )
39	______ ( )
40	______ ( )
41	______ ( )
42	______ ( )
43	______ ( )
44	______ ( )
45	______ ( )
46	______ ( )
47	______ ( )
48	______ ( )

1) Ohne Zypern.
2) Das Staatsgebiet Russlands liegt zu etwa 80 % in Asien.

Arm an Wasser, reich an Öl

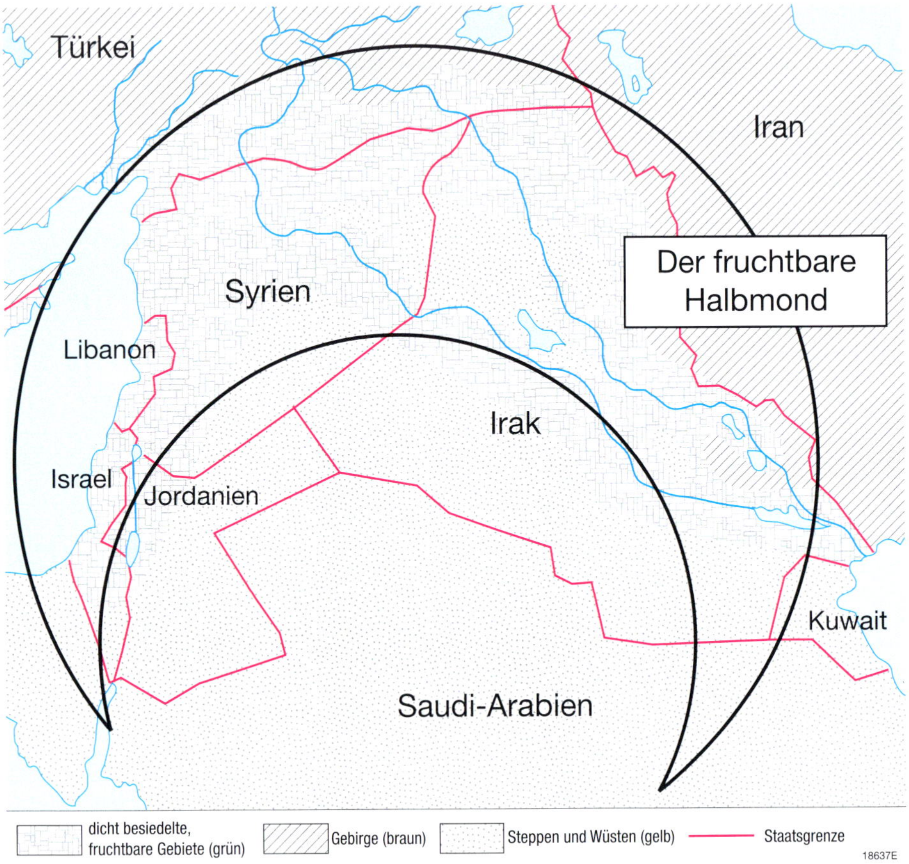

Gewässer	
a	
b	
c	
d	
e	
f	
g	
h	
i	

Weitere Staaten	
1	
2	
3	
4	
5	
6	
7	
8	
9	

1 Male in der Karte oben die markierten Gebiete mit der angegebenen Farbe aus.

ATLAS Atlasseite(n): ______

Wo Wasser ist, ist Leben, denn dort erzielt man reiche Ernten auf fruchtbaren Feldern. In Israel, Jordanien, Syrien und in den Staaten am Persischen Golf sind die Niederschläge zu gering. Der Anbau von Obst, Gemüse und Getreide ist daher an vielen Orten nur mit Bewässerung möglich. Dazu muss das Wasser oft über große Entfernungen auf die Felder geleitet werden. Ein System von Pipelines, Röhren und Pumpen transportiert das kostbare Wasser zu den Feldern. Pipelines transportieren aber auch das wertvolle Erdöl von den Förderstellen bis zu den Ausfuhrhäfen (Exporthäfen) am Persischen Golf und am Mittelmeer.

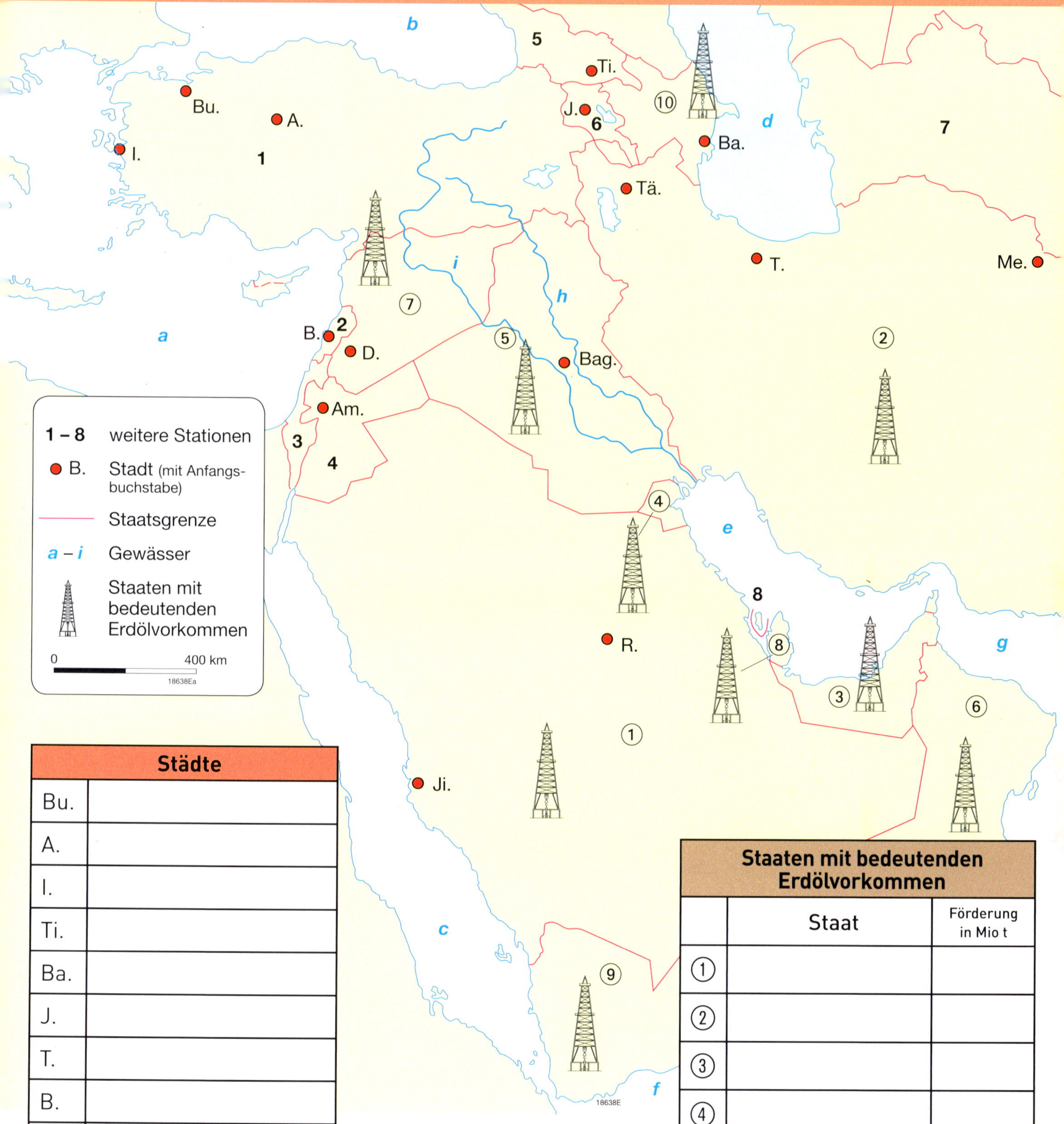

Städte	
Bu.	
A.	
I.	
Ti.	
Ba.	
J.	
T.	
B.	
Am.	
Ji.	
R.	
D.	
Tä.	
Me.	
Bag.	

Staaten mit bedeutenden Erdölvorkommen

	Staat	Förderung in Mio t
①		
②		
③		
④		
⑤		
⑥		
⑦		
⑧		
⑨		
⑩		

2 Informiere dich im Internet über die aktuellen Erdölfördermengen der Staaten ① – ⑩.

10 Pfeffer, Kardamom & Curry – Gewürze aus Indien

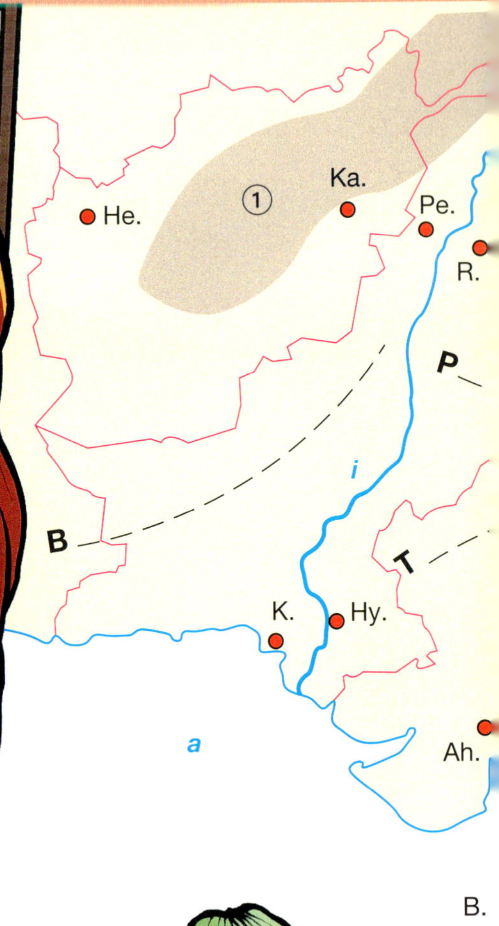

Wo der Pfeffer wächst

Griechische und römische Händler gelangten einst über die „Seidenstraße des Meeres", das A _ _ _ _ _ _ _ _ _ M _ _ _, in das sagenumwobene Land I _ _ _ _ _. Die Kaufleute riskierten ihr Leben, um die M _ _ _ _ _ _ küste, die Pfefferküste Indiens, zu erreichen. Hier wird an den Hängen der W _ _ _ ghats seit ewigen Zeiten die Pfefferpflanze angebaut. Aus den Früchten dieses Kletterstrauches wird weißer, schwarzer und grüner Pfeffer gewonnen. Besonders der schwarze Pfeffer, einst so teuer wie Gold, ist auch heute noch ein wichtiges Handelsprodukt Indiens. Tausende von Tonnen Pfeffer, aber auch andere Gewürze wie Kardamom, Kreuzkümmel, Ingwer, Chillies, Koriander und Curry werden vor allem in der Hafenstadt Co _ _ _ _ umgeschlagen. Sie gilt daher auch als „schärfste" Stadt der Welt.

Gewässer (Meere, Meeresteile, Flüsse)			
a		f	
b		g	
c		h	
d		i	
e			

Gebirge	
①	
②	
③	
④	
⑤	
⑥	
⑦	

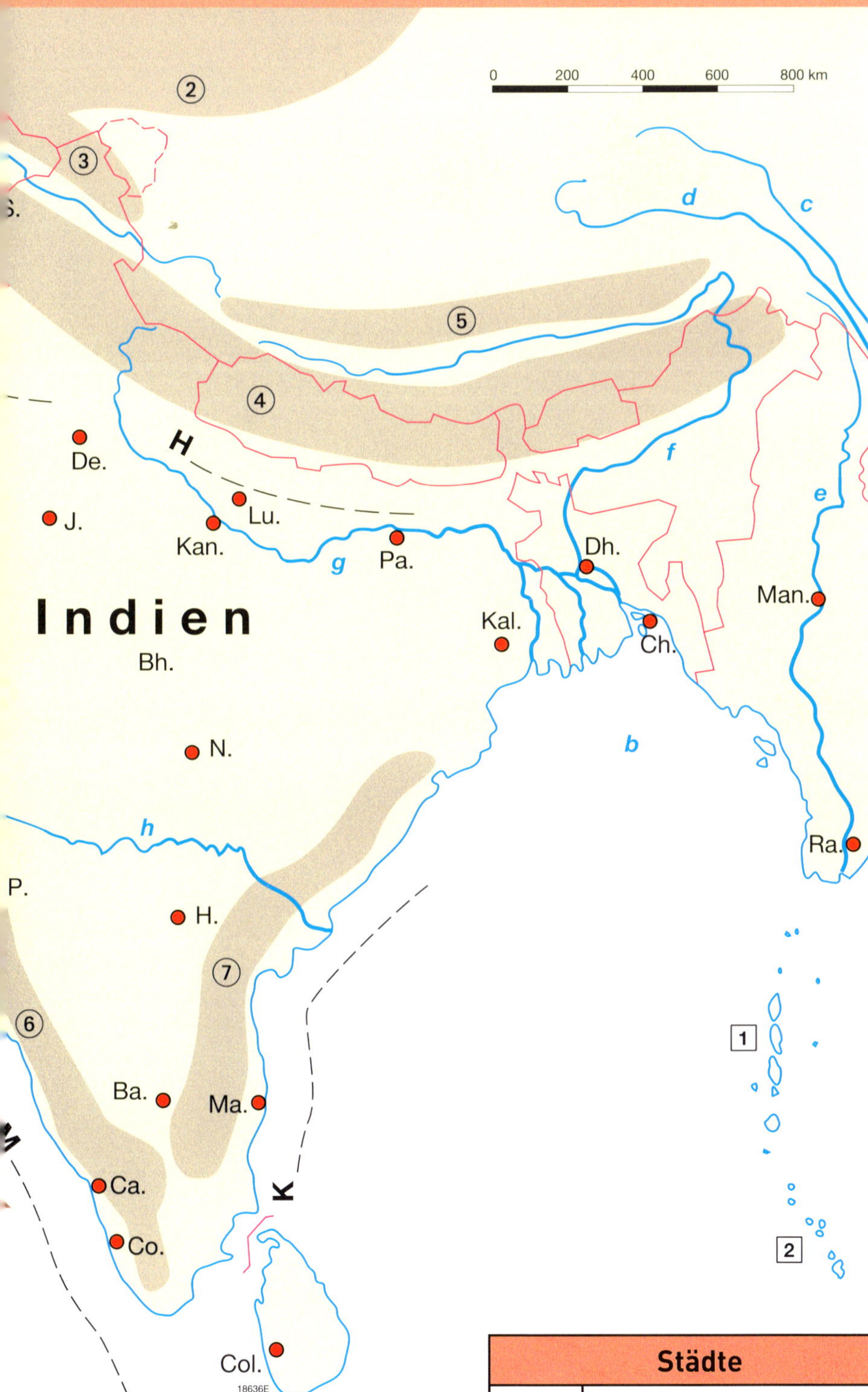

Gewusst wo!

N.	
S.	
De.	
J.	
Ah.	
B.	
Bh.	
Kan.	
Lu.	
Pa.	
Dh.	
Man.	
Ch.	
Kal.	
Ra.	
H.	
Ma.	
Ba.	
Col.	
Co.	
Ca.	

ATLAS

Atlasseite(n): ______

Inselgruppen	
1	
2	

Städte	
Ka.	
He.	
Pe.	
R.	
L.	
P.	
K.	
Hy.	

12 Eine Reise über das „Dach der Welt"

Zwei Freunde begeben sich auf eine abenteuerliche Reise, die sie zum Teil über die historische Seidenstraße führt. Verfolge mithilfe der Karte die Etappen ihrer Expedition.

1 Beschrifte die Karte mit den Namen der Staaten und der Gebirge (Pamir-Knoten). Ergänze den Lückentext. Fülle dann die Schriftfelder zu „Gewässern", „Bergen" und „sonstigen Städten" aus.

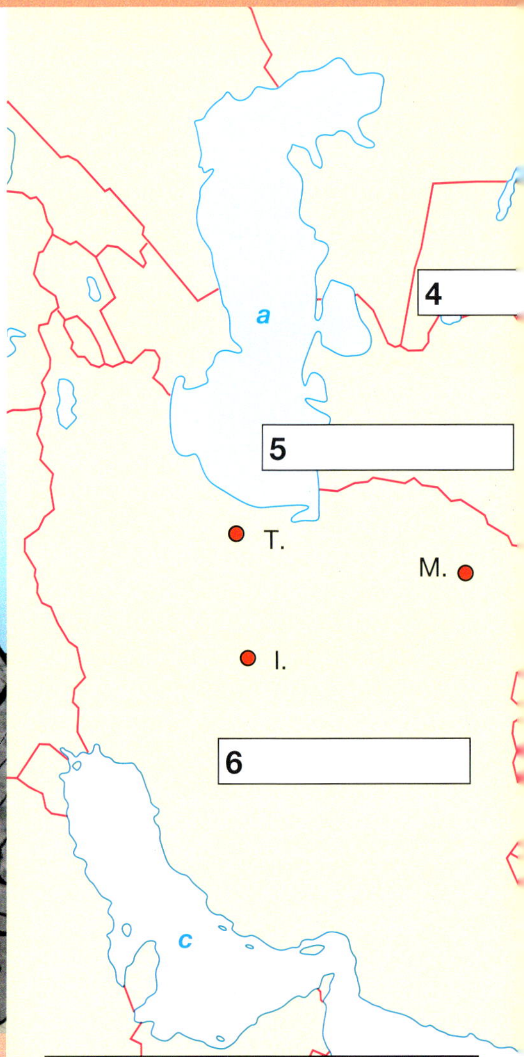

Wir starten in der alten Kaiserstadt X _ _ _ am Quin Ling-Gebirge. Bereits vor 2000 Jahren zogen von hier Karawanen los, um begehrte Güter ins Abendland zu bringen. Von hier aus fahren wir über die Stadt L _ _ _ _ _ _ zur Oase Dunhuang. Sie liegt östlich der Wüste T _ _ _ _ M _ _ _ _ . Sand, Geröll und Steine werden nur von weißverkrusteten Salzwannen unterbrochen – eine echte Bewährungsprobe für unser Fahrzeug. In ausgetrockneten Wasserläufen geht es vorbei an Steilhängen des Altun Shan-Gebirges. Wir sind froh, als wir in K _ _ _ _ ankommen, der westlichsten Großstadt des Staates 1 _ _ _ _ _ . Immer höher geht es nun hinauf in die Region des „Daches der Welt". Wir erreichen den Pamirknoten, wo die Gebirge T _ _ _ S _ _ _ , K _ _ _ _ _ S _ _ _ , K _ _ _ _ _ _ _ _ _ , Him _ _ _ _ _ und Hin_ _ _ _ _ _ _ zusammentreffen. Auf dem Karakorum-Highway geht es weiter in das Land 2 _ _ _ _ _ _ _ _. Vorbei am 8126 m hohen N _ _ _ _ P _ _ _ _ _ kommen wir eine Woche später in der Stadt P _ _ _ _ _ _ _ an. Wir fahren weiter nach La _ _ _ _ und Hy _ _ _ _ _ _ _ und erreichen nach 11 000 km Ka _ _ _ _ _ .

Gewässer	
a	
b	
c	

sonstige Städte	
T.	
I.	
M.	
Ta.	
A.	
U.	
F.	
De.	
D.	

Berge			
▲ 7 439		▲ 8 126	
▲ 7 495		▲ 7 816	
▲ 7 719		▲ 8 167	
▲ 8 610		▲ 8 091	
		▲ 8 846	

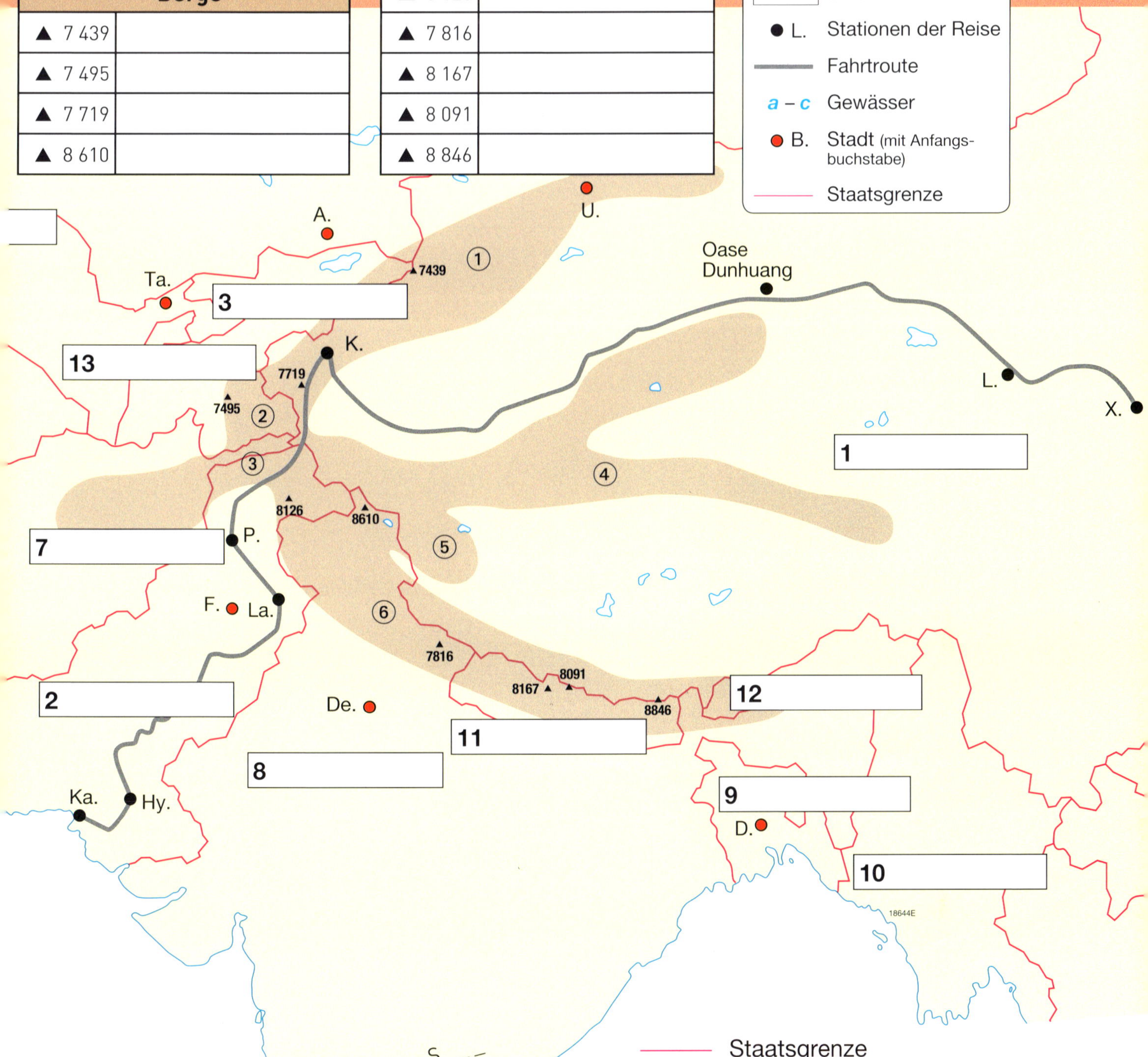

Der Pamir-Knoten

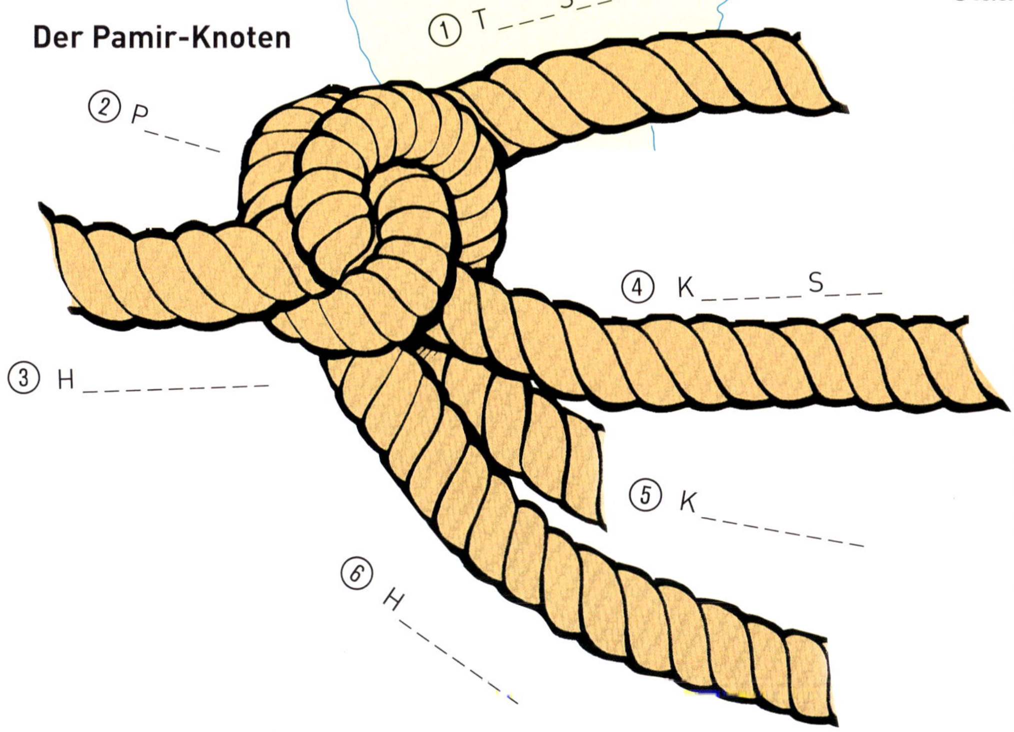

Atlasseite(n): _____

Mit der Transsib durch Sibirien

C _ _ _ _	Staaten
a – f	Seen, Flüsse
(Linie)	Staatsgrenze
◇ (schwarz anmalen)	Steinkohle
◇ (braun anmalen)	Braunkohle
◇ (blau anmalen)	Eisen
(Linie)	bedeutende Eisenbahnlinie
J _ _ _ _ _ _	Landschaften
B _ _ _ _ _ _	Meere
● B.	Städte (mit Anfangsbuchstaben)

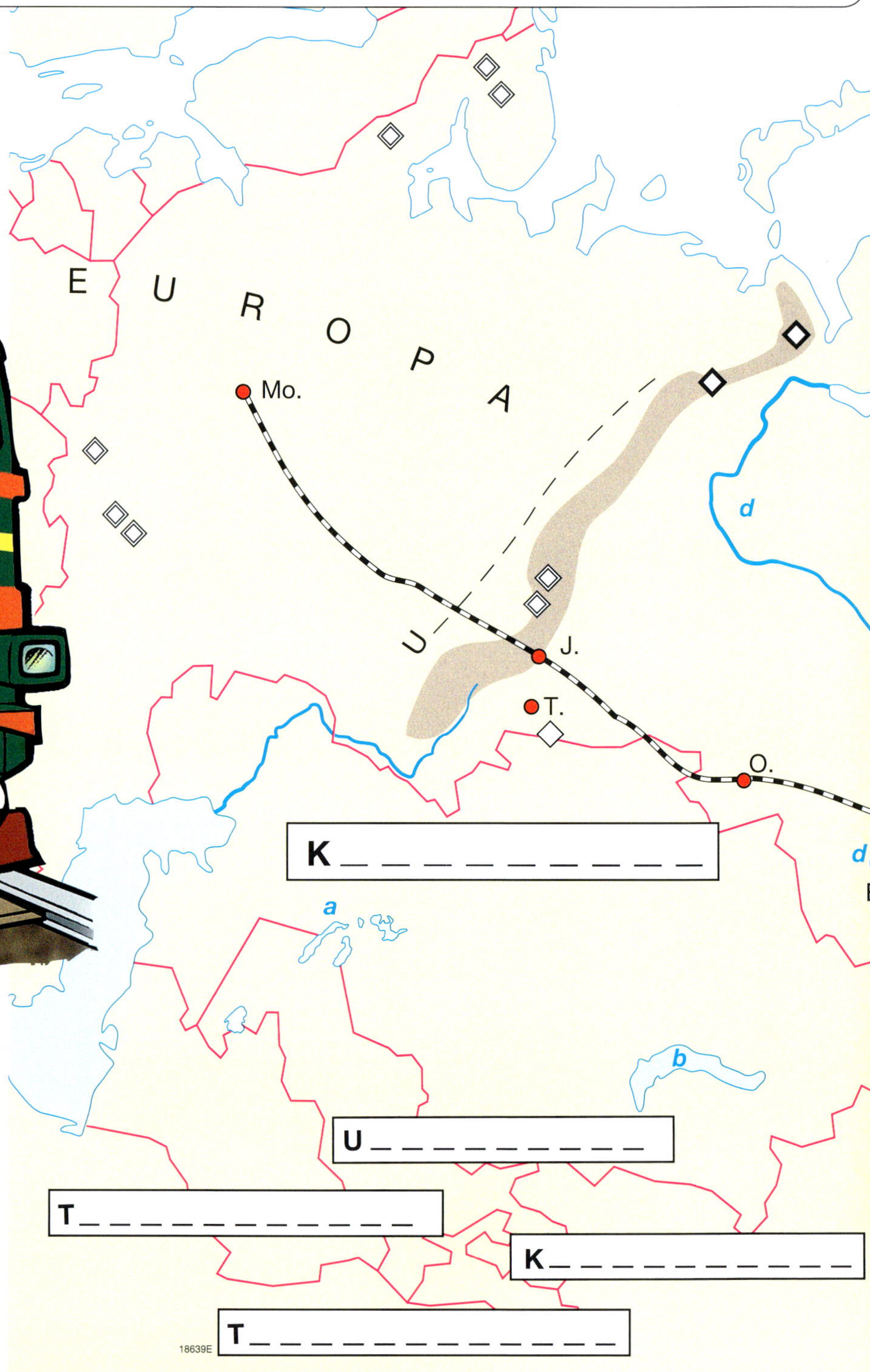

Atlasseite(n): ________

Seen und Flüsse	
a	
b	
c	
d	
e	
f	

Städte	
Mo.	
N.	
W.	
B.	
No.	

1 Bearbeite diese Übungskarte zu Nordasien. Fülle die vorgegebenen Buchstabenlinien und Schreibfelder aus. Male die Signaturen für die Bodenschätze farbig an.

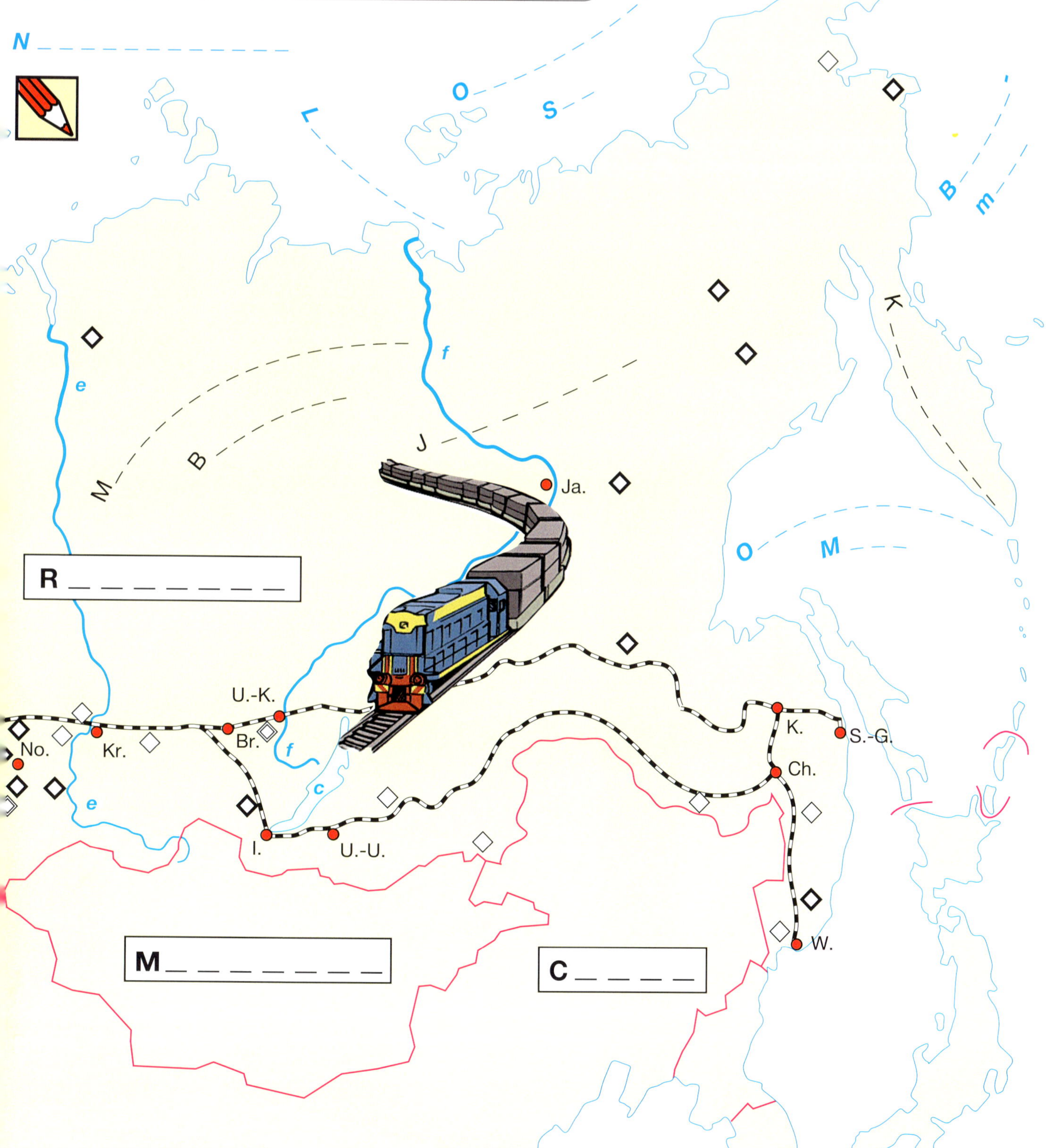

Kr.	
J.	
T.	
O.	

Br.	
U.-K.	
I.	
U.-U.	

K.	
Ch.	
S.-G.	
Ja.	

16 Großer Drache und großer Tiger

„Drache" und „Tiger" sind die Tiersymbole für die beiden mächtigsten Staaten in Ostasien. Der „große Drache" China ist mit 1,3 Milliarden Menschen der bevölkerungsreichste Staat der Erde. Wirtschaftlich hat China den Wirtschaftsriesen Japan überholt. Doch der „große Tiger" Japan zeigt die Krallen. Noch ist der vergleichsweise kleine Inselstaat eine mächtige Wirtschaftsmacht in Ostasien.

Atlasseite(n): ______

Meere, Meeresteile, Seen	
a	
b	
c	
d	
e	
f	
g	
h	
i	

Flüsse	
j	
k	
l	
m	
n	
o	
p	
q	

Gebirge	
①	
②	
③	
④	
⑤	
⑥	

Inseln	
1	
2	
3	
4	
5	

Autonome Regionen Chinas	
I	
II	
III	
IV	
V	

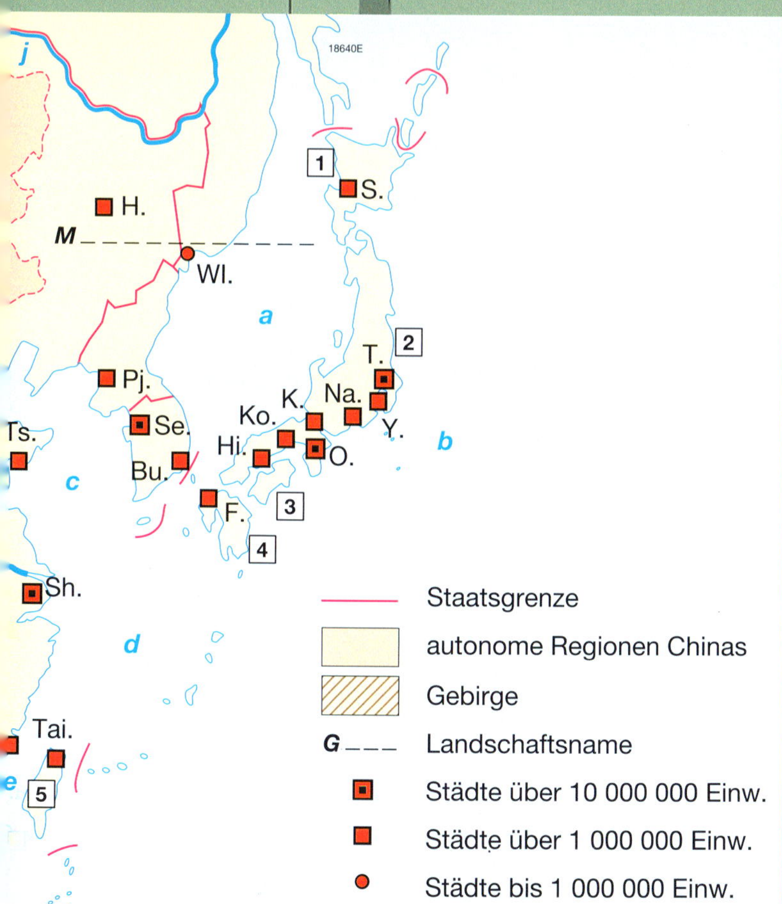

Städte	
Bi.	
A.	
U.	
I.	
U. B.	

H.	
Wl.	
S.	
T.	
Y.	
K.	

Na.	
N.	
Tai.	
Ko.	
O.	
Hi.	
F.	
Pj.	
Se.	
Bu.	
P.	
Ti.	
Ts.	
Sh.	
W.	
Fu.	
Ka.	
Ho.	
M.	
Ha.	
Han.	
Ma.	
Che.	
Dh.	
Kal.	
Kat.	
Lu.	
De.	
Ch.	
L.	
X.	
Kas.	

Sandokan, Gamelan und Krakatau

20 000 und noch mehr Inseln

Die Inselwelt Südostasiens umfasst die meisten und größten Inselgruppen auf der Erde. Sie liegen zwischen dem ① __________ und ② ____________ Ozean. Eine der Inseln ist ③ __________, die zweitgrößte Insel der Welt. Weitere große Inseln sind ④ ________, ⑤ ________ (Sulawesi) und ⑥ ______ (Kalimantan). Diese werden auch ⑦ Große _____ -Inseln genannt. Zwei weitere Inselgruppen sind die ⑧ ____________ und die ⑨ K ______ Sunda-Inseln. Zu diesen gehören zum Beispiel die Urlaubsinsel Bali sowie die Inseln ⑩ F _____ und ⑪ T ____. Sehr bekannt ist auch die Inselgruppe der ⑫ M ________.

Viele Inseln und Inselgruppen schnüren Teilmeere ab und bilden dort, wo sie nahe beieinander liegen, Meeresstraßen. Die bekanntesten Seewege Südostasiens sind die Sunda-Straße und die ⑬ M ______ -Straße.

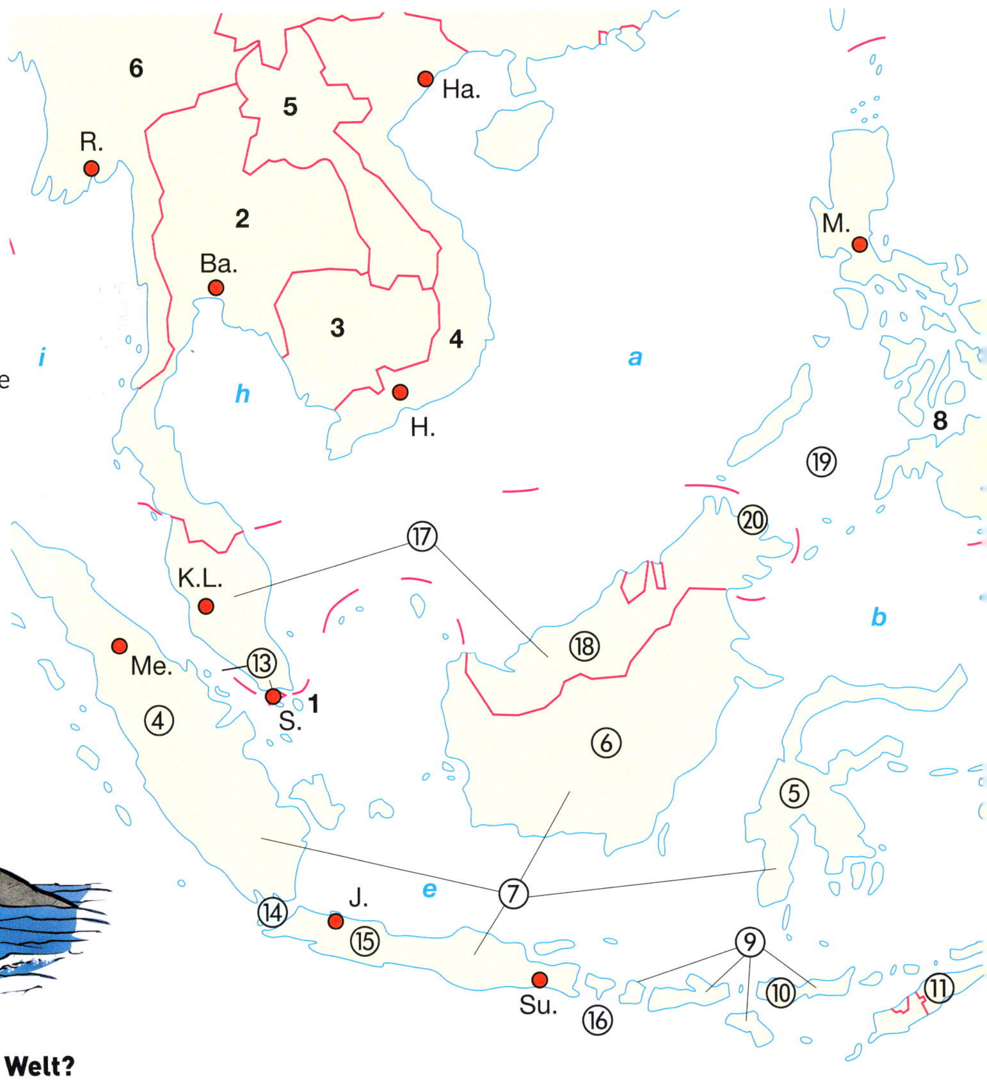

Krakatau – der lauteste Knall der Welt?

Krakatau, auch Krakatoa, ist eine kleine Vulkaninsel. Sie liegt in der ⑭ S____ -Straße zwischen den indonesischen Inseln ⑮ J ___ und Sumatra. Bis zum 26. August 1883 umfasste die Insel eine Fläche von 43 km². Doch in der Nacht zum 27. August ereignete sich eine gewaltige Vulkanexplosion, die den größten Teil der Insel zerstörte. Nur noch ein Rest von 16 km² Land blieb bestehen. Der Ausbruch von Krakatau war so gewaltig, dass er ein Seebeben auslöste. Über 14 m hohe Wellen überrollten die Küsten sogar noch in großer Entfernung. Sie töteten Tausende von Einwohnern auf den umliegenden Inseln. Die Explosion löste den „Knall von Krakatau" aus, der noch über 4000 km weit zu hören war. Krakatau ist heute unbewohnt.

Sandokan – der Tiger von Malaysia

Sandokan, der malaysische Freiheitskämpfer und Pirat, lebte im vorigen Jahrhundert auf der Insel Mompracem vor der Nordküste Borneos. Der nördliche Teil Borneos gehört zum Staat ⑰ M _ _ _ _ _ _ _ .

Sandokan kämpfte gegen die verhassten Engländer, die seine Heimat besetzt hatten. Der Gegner des Piratenhäuptlings war Sir James Brooke, der sich auch Raja von ⑱ S _ _ _ _ _ _ nannte. Übrigens, an der Nordküste Borneos zur ⑲ S _ _ _ see hin, liegt eine Hafenstadt, die fast den gleichen Namen wie der Tiger von Malaysia trägt. Sie heißt ⑳ S _ _ _ _ _ _ _ .

Gewusst wo!

①–⑳ In den Texten angesprochene Orte
1 – 9 Staaten
a – i Meere/Meeresteile
● H. Stadt (mit Anfangsbuchstabe)
0 200 400 600 800 1000 km
18641Ea

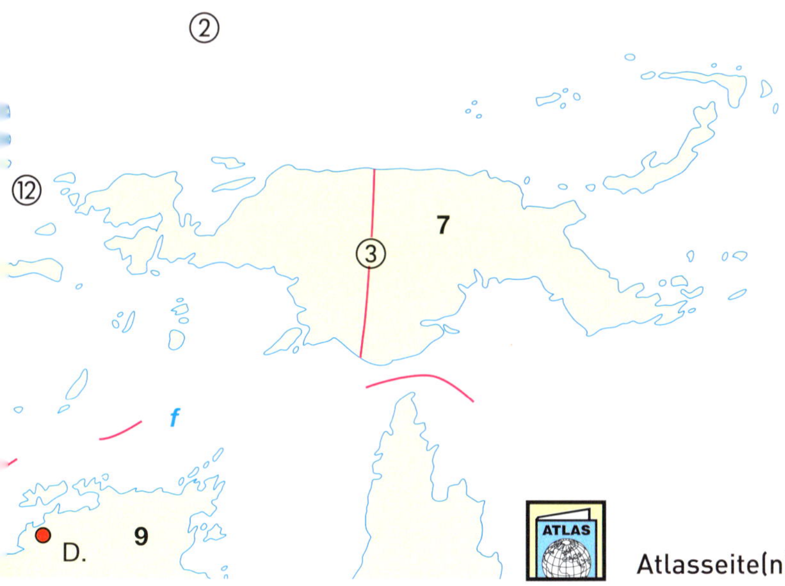

ATLAS Atlasseite(n): ______

Staaten	
1	
2	
3	
4	
5	
6	
7	
8	
9	

Meere	
a	
b	
c	
d	
e	
f	
g	
h	
i	

Städte	
Me.	
J.	
Su.	
S.	
K.L.	
M.	
Ba.	
R.	
H.	
D.	
Ha.	

Kling, Klang, Klong – das Gamelan-Orchester spielt

Auf den Inseln ⑯ B _ _ _ und Java ist die Gamelan-Musik zu Hause. Ein Gamelan-Orchester ist eine große Gruppe von bis zu vierzig Musikern. Sie spielen eine Vielzahl von Gongs, Glocken, Xylophonen und Trommeln in verschiedenen Größen. Gamelan-Gruppen spielen oft bei traditionellen Feiern und für die vielen Touristen, die hierherkommen.

westermann GRUPPE

Druck B[4] / Jahr 2020

Autoren: Peter Kirch, Gerhard Vierbuchen;
unter Mitwirkung der Verlagsredaktion
Herausgeber: Peter Kirch
Lektorat: Thomas Eck
Illustrationen: Dennis Nußbaum
Satz und Gestaltung: Lektorat Eck, Berlin, Yvonne Behnke
Druck und Bindung: Westermann Druck GmbH, Braunschweig

ISBN 978-3-14-**114428**-4